びん・かん・プラスチック・ペットボトル

監修：松藤敏彦　北海道大学名誉教授　　文：大角修

❸ びん・かん・プラスチック・ペットボトル
もくじ

びんのひみつと使われ方

ガラスびんの特長と使い道

ガラスびんの長所と短所

日本でガラスびんが使われ出したのは、今から130年ほど前の明治時代からでした。そのころは、ペットボトルや紙パックはありません。昔から使われていた陶磁器のつぼ、竹筒などにくらべ、ガラスびんは便利な容器でした。

ガラスびんには、すぐれた特長がいくつもあります。

まず、透明なので中身が見えます。かんのばあいは見えません。次に、中身ごと熱して殺菌することができます。これはペットボトルではできません。そしてなにより、使い終わっても、洗えばくりかえし使うことができます。

逆に短所もあります。ペットボトルや紙パック、かんにくらべると、重くてわれやすいことです。しかし今では、軽くてじょうぶなびんも、つくられるようになりました。

びんのおもな使い道と出荷数

びんは、飲み物、食べ物、薬、化粧品などの商品の容器に数多く使われている。そのほか、家で食品を保存するためなどに使うびんもあるが、下のグラフの数にはふくまれていない。

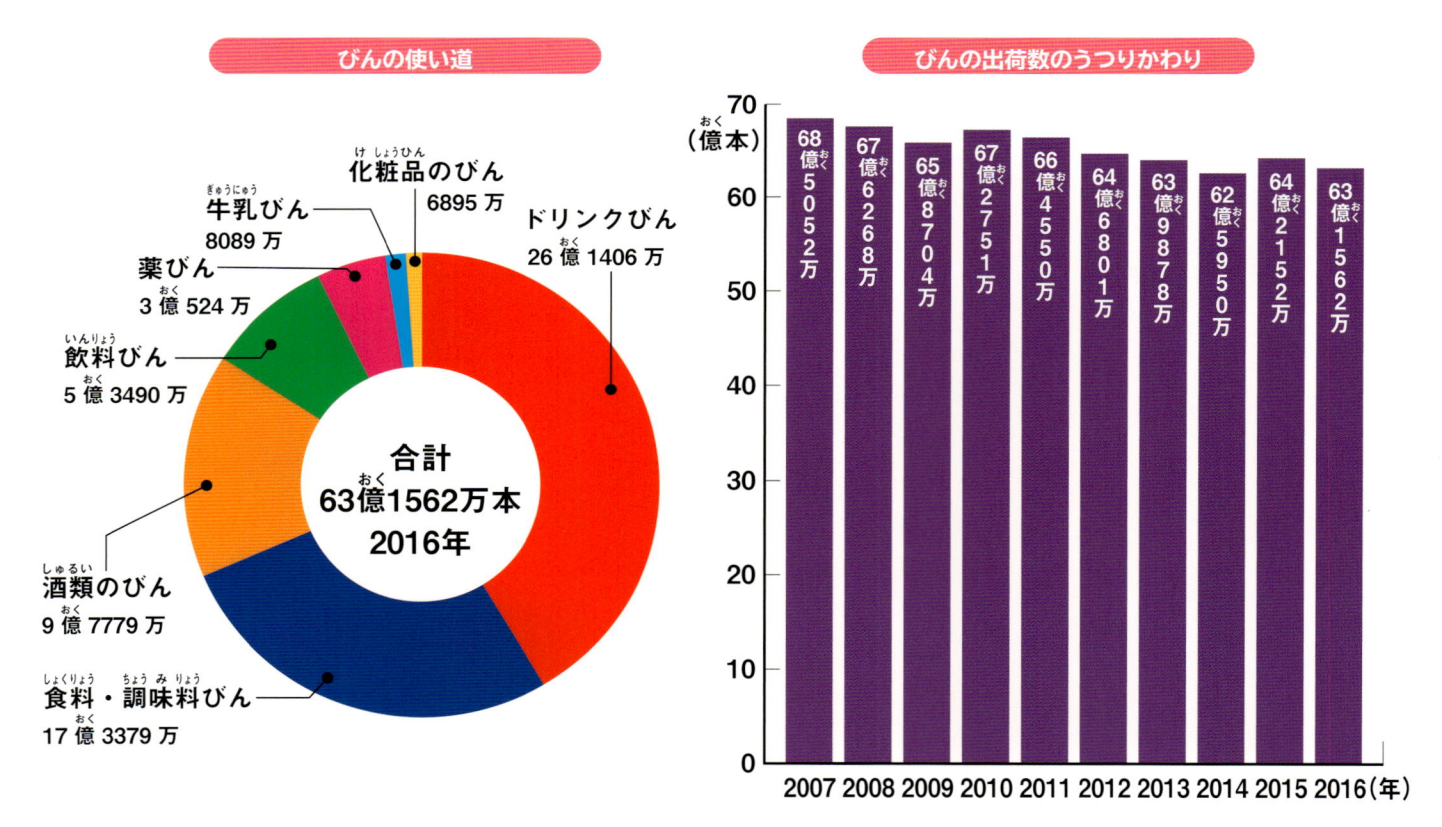

びんの使い道

化粧品のびん 6895万
牛乳びん 8089万
薬びん 3億524万
飲料びん 5億3490万
酒類のびん 9億7779万
食料・調味料びん 17億3379万
ドリンクびん 26億1406万

合計 63億1562万本 2016年

びんの出荷数のうつりかわり

（億本）

年	出荷数
2007	68億5052万
2008	67億6268万
2009	65億8704万
2010	67億2751万
2011	66億4550万
2012	64億6801万
2013	63億9878万
2014	62億5950万
2015	64億2152万
2016	63億1562万

日本ガラスびん協会HP「ガラスびん品種別出荷動向」より

牛乳びんを見ると

プラスチックのふた 取りはずしやすい。賞味期限の日付が見える。売っているときのラベルには、内容量（180㎖）など表示がある。

丸正マーク びんの内容量が正しいことをしめす表示（丸正マーク）をつけているびんもある。

【びんの特長】
熱に強い 中身をびんごと熱して殺菌できる。

味が変わらない 中身の味やにおいが変わらない。

透明で中身が見える 中身のちがいがひと目でわかる。

くりかえし使える われなければ、くりかえし洗って使うことができる。

上から見た牛乳びん 口が広く飲みやすい。

底のくふう へこませてあるので、底によごれがつきにくい。また、少しくらいでこぼこしたところにおいてもたおれにくいし、おいた場所の熱が急に伝わることもないので、われにくい。

びんができるまで
ガラスびんの製造と中身のつめ方

● ガラスびんのつくり方

ガラスは、熱して1500℃ほどの高温にすると、水あめのようにとけ、冷えるとかたまります。その性質を利用して、びんをつくります。

まず原料をまぜあわせて熱でとかし、ゴブとよばれるびん1個分ずつのかたまりにして、風船のようにふくらませます。それを冷やすと、牛乳びんなどができあがります。

● 飲料のつめ方

できあがったびんは、牛乳やジュース、お酒などの飲料メーカーのびんづめ工場へ運ばれます。

びんづめ工場では、つぎつぎに空きびんに中身をつめ、安心して飲めるようにびんごと加熱して殺菌し、密閉して出荷しています。

びんができるまで

原料をとかしゴブをつくる ➡ ゴブをあら型に入れる ➡

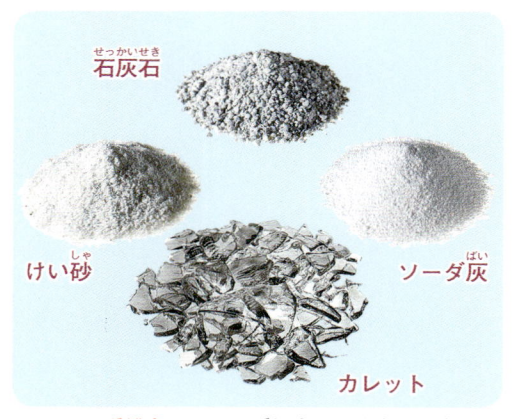

ガラスの原料 おもな原料は、天然の鉱物のけい砂・石灰石と、食塩などからつくられるソーダ灰（炭酸ナトリウム）。カレットはガラスのかけらのことで、回収した空きびんからつくられる。

石灰石
けい砂
ソーダ灰
カレット

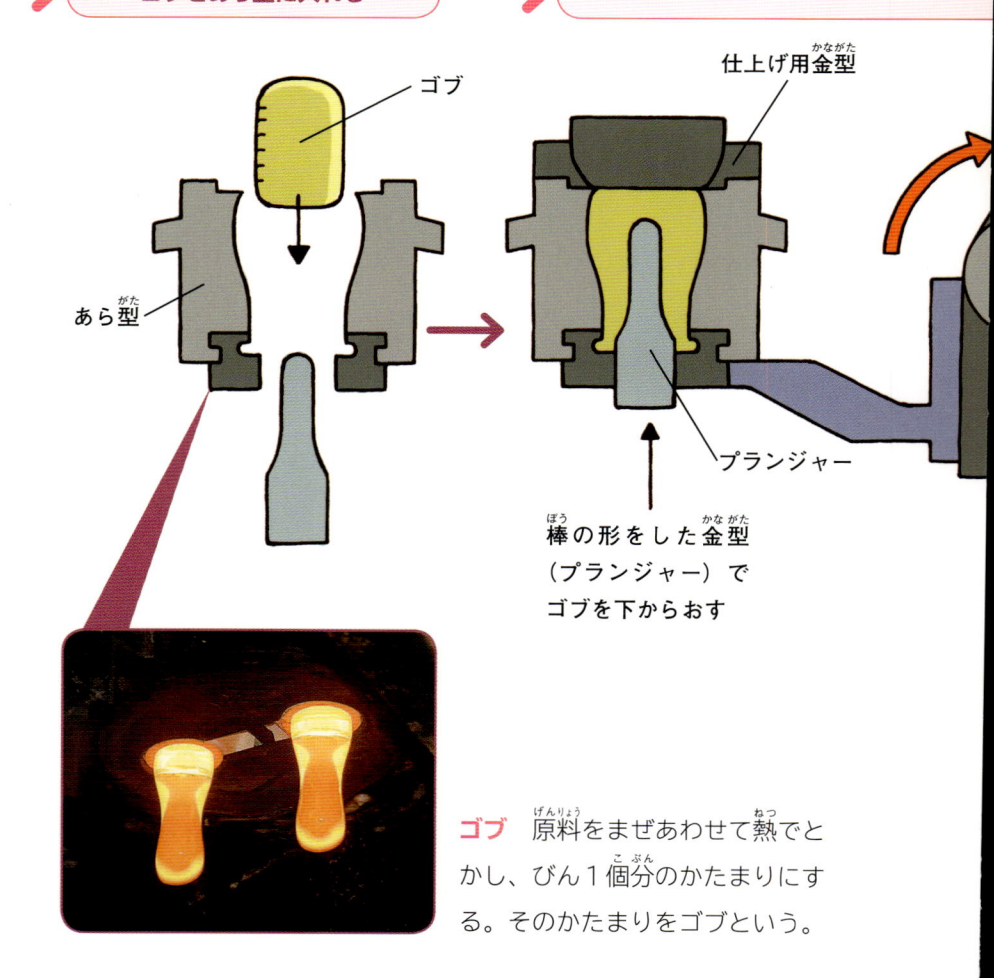

仕上げ用金型
ゴブ
あら型
プランジャー
棒の形をした金型（プランジャー）でゴブを下からおす

ゴブ 原料をまぜあわせて熱でとかし、びん1個分のかたまりにする。そのかたまりをゴブという。

びんに中身をつめる

びんづめの工場 この写真は、牛乳をびんにつめる工場の様子。自動的に牛乳を入れていく。（写真提供：森永乳業株式会社）

金型に入れて形をつくる

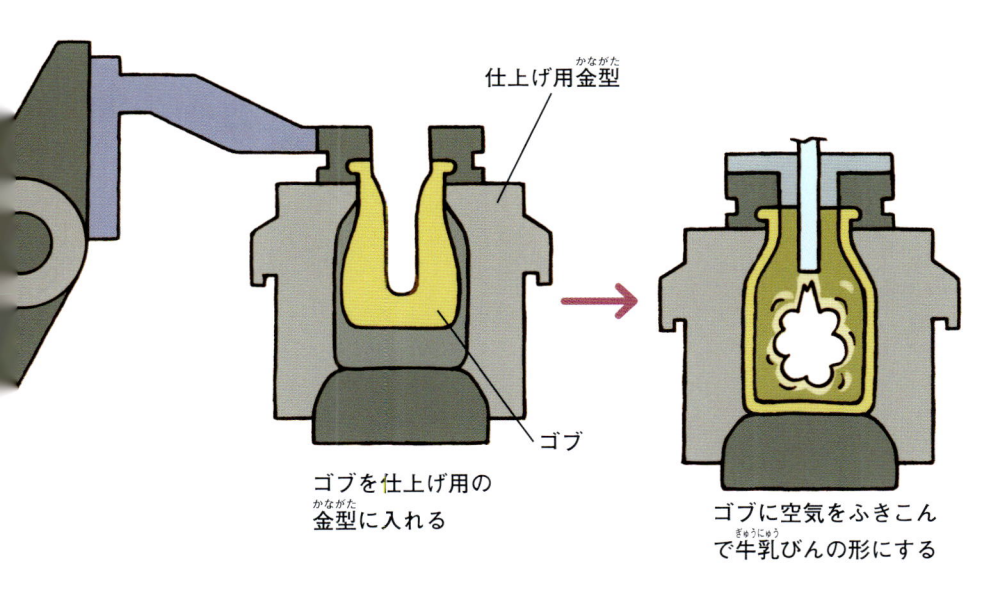

仕上げ用金型

ゴブ

ゴブを仕上げ用の金型に入れる

ゴブに空気をふきこんで牛乳びんの形にする

ゆがんだりした不良品は原料にまぜて、つくりなおすんだって。

ゆっくり冷やし、検査して完成

ゆっくり冷やす。

検査 びんの強さやきずなどを、検査機や人の目でたしかめる。

7

くりかえし使うびん
リターナブルびん

リターナブルびん

　ガラスびんを資源物（資源ごみ）として出すとき、注意しなければならないことがあります。ガラスびんには、リターナブルびんとワンウェイびんの2種類があることです。

　リターナブルびんは「もどすことができるびん」という意味です。買ったお店に空きびんをもどせば、工場できれいに洗って、ふたたび中身をつめ、くりかえし使うことができます。リユースびんと

もいいます。

　リターナブルびんは、空きびんをもどしやすい学校給食の牛乳びん、飲食店などのビールびんや日本酒の一升びんなどによく使われています。

　リターナブルびんには、飲み終わったびんを回収するしくみが必要です。しかし、そのしくみがととのっているのは、現在では牛乳びんやビールびんなどにかぎられています。びんの再使用をすすめるため、ふたたび回収のしくみを立ち上げた地域もあります。

リターナブルびんの見分け方

　びんは高価だったので、昔はくりかえし使うリターナブルびんしかなかった。

　その後、かんやペットボトルが広まり、びんでも1回しか使わないワンウェイびんがつくられるようになった。その区別のため、日本ガラスびん協会の規格にあったリターナブル（Returnable）びんには R マークがつけられるようになった。

リターナブルびんについているマーク

お酒	ビール	焼酎	お酒	牛乳

びんを再利用するしくみ

牛乳びんやビールびんなどのリターナブルびんに入った飲み物は、買ったときにびんの代金が上乗せされていて、買ったお店にびんを返すと、その代金をもどしてもらえるデポジット制度で販売されている場合がある。

回収された空きびんは、洗びん工場で洗浄をくり返し、殺菌して、ピカピカにしてから飲料メーカーに返され、中身をつめてふたたび販売される。

リターナブルびんでも、くりかえし使っているうちにいたんでくるが、平均8年ほどの寿命があり、20回〜30回くらい、くりかえし使うことができる。

古くなったリターナブルびんは、使いすてのワンウェイびんといっしょにカレットにされる。カレット工場については11〜13ページを見よう。

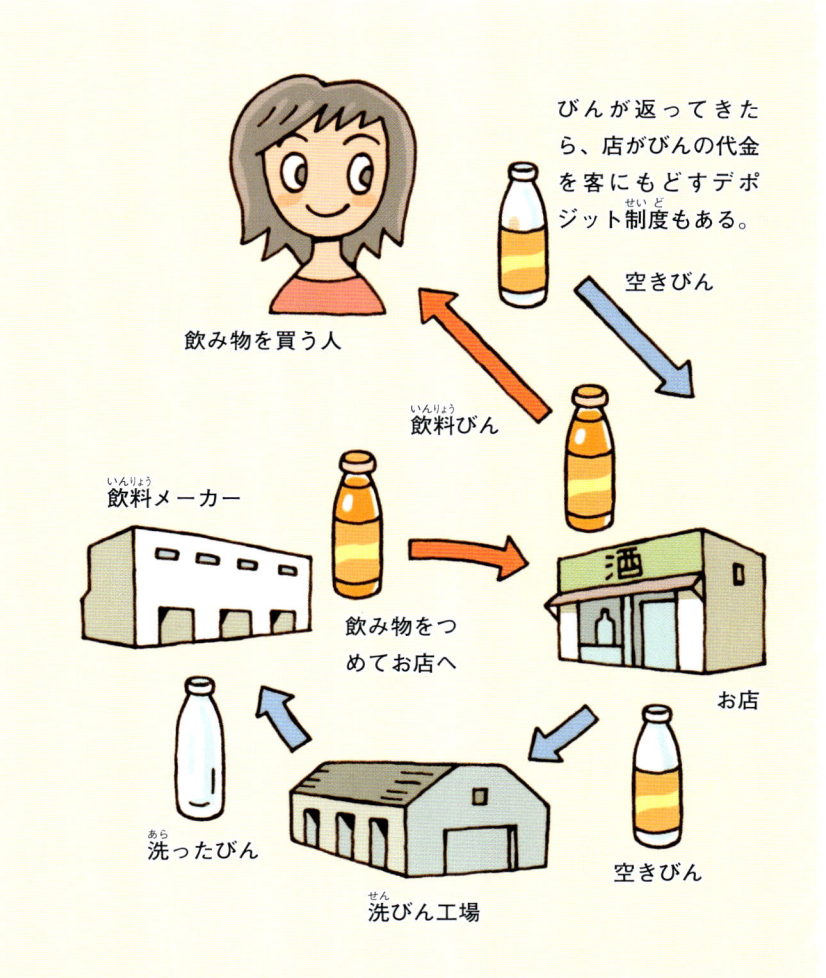

びんが返ってきたら、店がびんの代金を客にもどすデポジット制度もある。

飲み物を買う人

空きびん

飲料びん

飲料メーカー

飲み物をつめてお店へ

酒

お店

洗ったびん

洗びん工場

空きびん

新しいリターナブルびん

環境省では、これまでのお酒やビールのびんのほかにも、リターナブルびんを広げるため、「びんリユースシステム促進実証事業」を行っている。一定の地域で、飲料メーカーや店、市民団体などが協力して、新しいリターナブルびんとリユースのしくみをつくるためだ。

左の写真は、2012年度の実証事業に選ばれたリユースびん入り大和茶。

神奈川県の「横浜リユースびんプロジェクト」など、いろんなまちで、リターナブルびんを広めるくふうをしているよ。

リユースびん入り大和茶 大和茶は奈良県内でつくられているお茶の名前。それを「と、わ（To WA）」というリユースびんに入れ、近畿地方の約125のホテル・旅館、飲食店で売っている。空きびんも、そこに返すしくみだ。

ワンウェイびんのゆくえは

使いすてのガラスびんはカレット工場へ

●使いすてのガラスびん

ワンウェイびんとは、メーカー・お店から消費者への「一方通行のびん」という意味です。リターナブルびんが何回も再使用されるのに対して、ワンウェイびんは1回使うだけですが、「資源」として回収され、リサイクルされています。

●カレットにすると

回収されたワンウェイびんは、くだいて、「カレット」とよばれるかけらにします。カレットは新しいガラスびんの原料にするほか、断熱材、タイル、道路の舗装、ガラス工芸品などの材料にもなります。

ワンウェイびんのリサイクルの流れの例

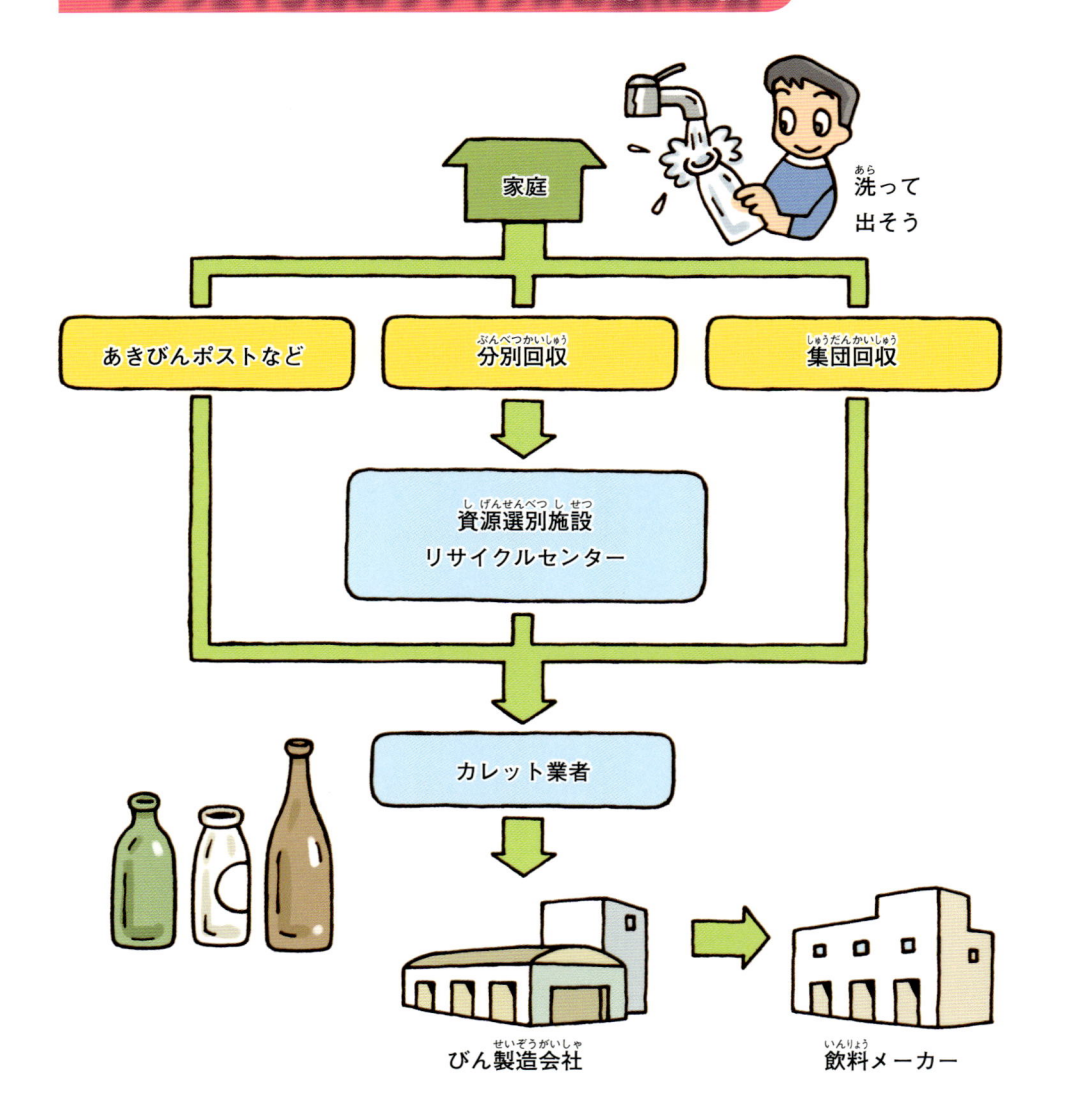

家庭　　洗って出そう

あきびんポストなど　　分別回収　　集団回収

資源選別施設
リサイクルセンター

カレット業者

びん製造会社　　　飲料メーカー

エコロジーボトル容器
環境にやさしい

エコロジーボトルのマークがつけられているびん

無色透明の空きびんの山 カレット工場では、びんを色ごとにカレットにしている。飲料用のびんには無色透明のほか、茶色、黒、青、緑などの色がつけられている。色は取れないので、茶色のびんは茶色のびんにつくりなおされる。

びんからカレットへ

ラインに投入 ➡ 手で選別する ➡ びんをくだいて、洗う

ラインに投入 空きびん置き場からびんを運び、カレットにするライン（工程）の投入口に入れる。

びんのかけらを洗う機械 びんを細かくくだく機械を通ったあと、この機械でびんのかけらを水で洗う。

手で選別する まじっている色ちがいのびんなどを手作業で取りのぞく。その後、機械でキャップなどのプラスチックや金属を選別する。

手で選別するのは、大変ね。

カレットのびん以外の用途

　カレットはふたたび、びんにするほか、タイル、道路の舗装、ガラスせんいなどの材料に利用されている。

道路の舗装

ガラスせんいの住宅用断熱材

ガラス工芸品

ラインの出口　カレットがさらさらと音をたてて床にたまる。できあがったカレットは、びんをつくる工場に運ばれていく。

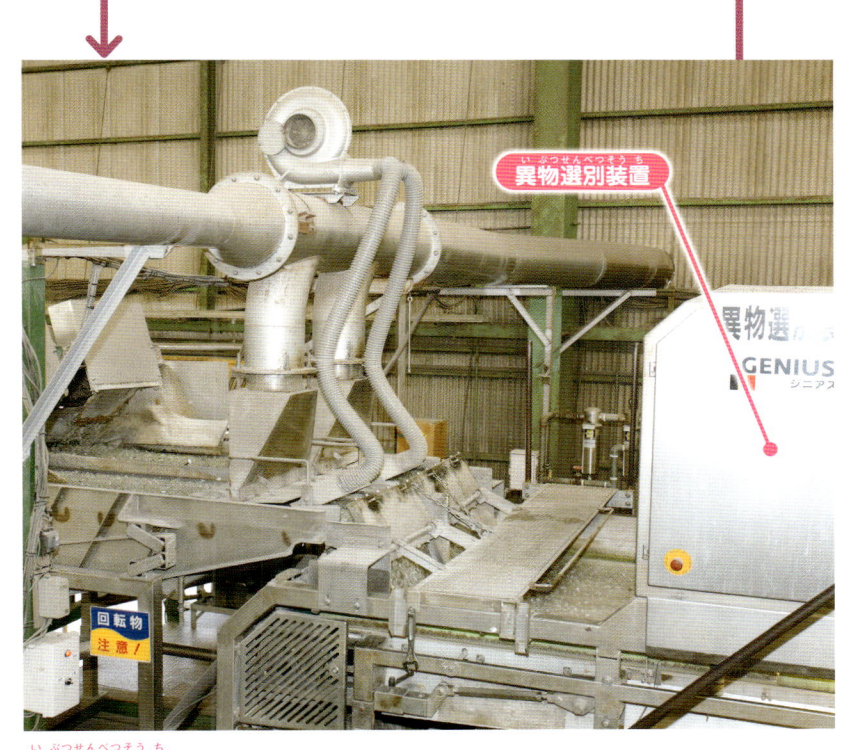

異物選別装置

異物選別装置　細かくくだいたびんのかけらから、小さな異物や色のちがうびんのかけらを見分けて選別する。

カレット　これは無色透明びんのカレット。

♻ カレット工場の人の話

　びんを資源として出すときはキャップをはずし、中をゆすいで、びんの中には何も入れないでください。

　こまるのは、ガラスなら何でもリサイクルできると思ってまぜられることです。たとえば、耐熱ガラスのなべ、窓ガラスなどです。

　それらのガラスは、びんのガラスとは性質がちがうので、びんのもとになるカレットにはできません。

　きちんと出してもらえば、空きびんはくりかえし、びんの材料として使うことができますからね。

かんのひみつと使われ方

安くて、軽くて、じょうぶ

かんの特長

　かんは、もともとは食品のかんづめとして発明されました。今のかんはアルミニウムかスチール（鋼鉄）製です。かんの特長は、中身をつめて熱すると、びんと同じで完全に殺菌できることと、軽くてじょうぶなことです。

　そのため、現在では飲料をはじめ、いろいろなものの容器として、かんが使われています。

　短所は、一度開けるとふたをできないかんが多く、ごみとしてすてられやすいことです。

かんはどのくらい使われている？

　かんは飲料の容器として、たくさん使われています。アルミかんは年1人あたり158本、スチールかんは76本で、合計234本です。かん飲料を飲まない赤ちゃんなどをのぞくと、1人1日当たり1本くらい飲んでいる計算になります。

　そんなにたくさん使っていると、空きかんの量も大変。しかし、空きかんは、もとの金属に再生することができます。ですから、空きかんは「資源物（資源ごみ）」として回収されています。

スチールかんとアルミかんの消費量の変化

　かんは中身を密閉できることから、かんづめ、赤ちゃん用の粉ミルク、ペンキの容器などに使われている。ここでは飲料用のかんの消費量の変化をグラフにした。

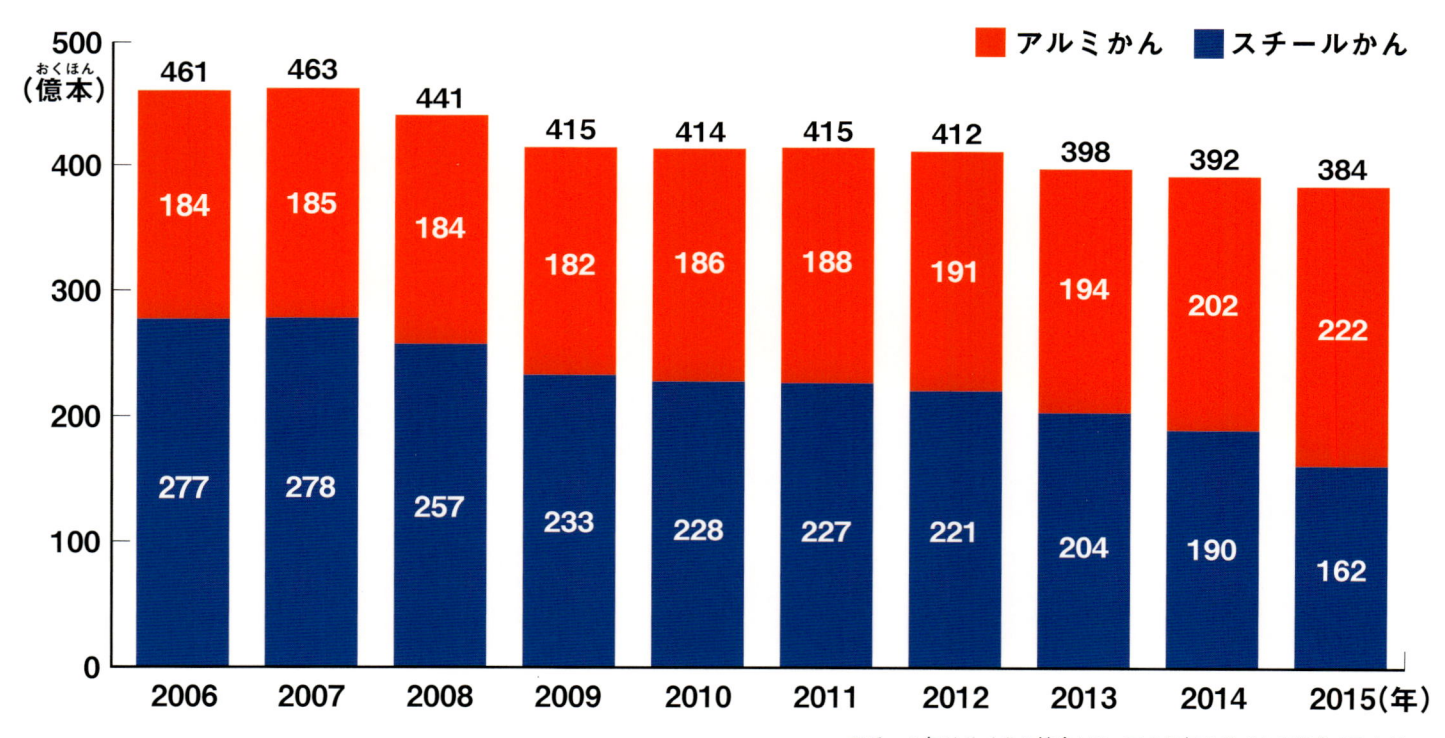

アルミかん　**スチールかん**

	2006	2007	2008	2009	2010	2011	2012	2013	2014	2015(年)
合計（億本）	461	463	441	415	414	415	412	398	392	384
アルミかん	184	185	184	182	186	188	191	194	202	222
スチールかん	277	278	257	233	228	227	221	204	190	162

スチール缶リサイクル協会HP・アルミ缶リサイクル協会HPより
（スチールかんは1かん30gとして算出）

飲み口のタブ 引っぱると、かんたんにあく。タブはとれないようにできていて、かんといっしょにリサイクルできる。スチールかんでも、ふたの部分はアルミニウムでつくられている。

【かんの特長】

じょうぶ 落としても、かんたんにはわれたり、あなが開いたりしない。

温めたり冷やしたりしやすい 熱湯につけても、氷で冷やしても、こわれにくい。

安い・軽い うすい金属製なので、材料費が安く、軽い。

リサイクルしやすい リユースはできないが、空きかんを資源物として回収すれば、もとのアルミニウム、スチールに再生することができる。

かんの底 本体と底が一体になっている。

＊かんには本体とふたの2ピースかんと、本体にふたと底が別の3ピースかんがありますが、本書では2ピースかんで説明しています。

かんができるまで

材料はアルミニウムかスチールの金属板

金属の板からつくる

かんの材料は、アルミニウムやスチールの金属板です。

金属には、強く圧力を加えると、のびる性質があります。この性質を利用して、うすくのばして胴につなぎ目のない円筒形にし、かんにしています。ふたをすると、中に入れたものがもれません。

アルミかんができるまで

アルミニウムの板をうちぬいて筒をつくる ➡ **筒をのばし、底を加工する**

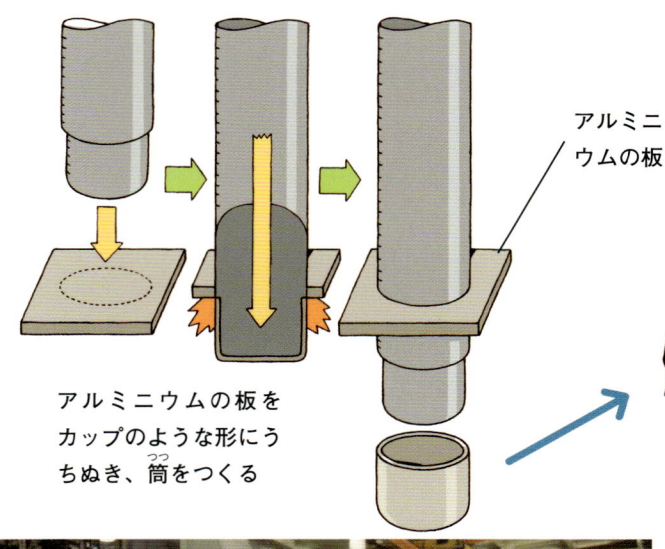

アルミニウムの板

アルミニウムの板をカップのような形にうちぬき、筒をつくる

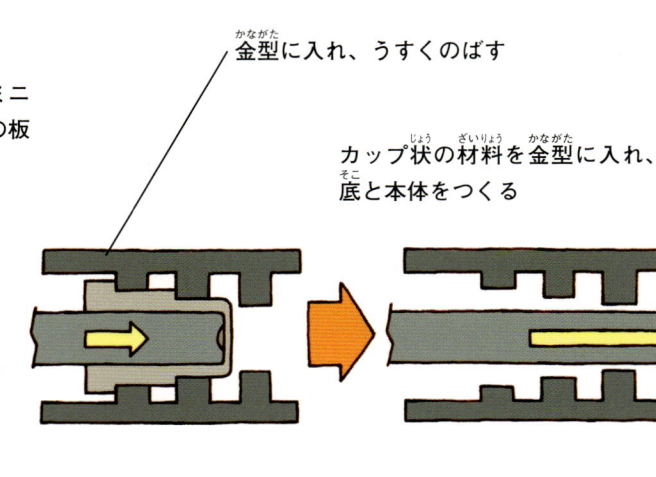

金型に入れ、うすくのばす

カップ状の材料を金型に入れ、底と本体をつくる

アルミニウム板のロール アルミかんの材料にする。ロール状にしてあるのは、連続してかんをつくるため。

B/H21
17.12.16

かんの底 2ピースかんの底は、まるくへこませてある。内部から炭酸の圧力がかかって底がふくらんだときに、たおれないようにするくふうだ。

🍃 かたちをつくってから印刷

かんには、文字やもようがきれいに印刷されています。紙の筒なら印刷してから丸めればよいのですが、強い力で金属板をのばしてつくるかんでは、そうはいきません。

かんにしてから1本ずつ印刷します。カーブした表面に印刷する曲面印刷というくふうです。

アルミかんとスチールかんが区別できるように、それぞれ、マークがつけられている。

アルミかんのマーク

スチールかんのマーク

きまった長さに合わせて切り落とし、洗う

長さをととのえる

よく洗う

かんの口の形をととのえる

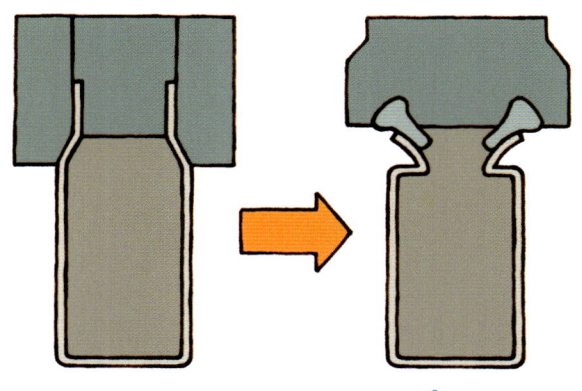

中身を入れたあと、ふたをしやすいように、ふちを折りまげておく

飲料工場へ

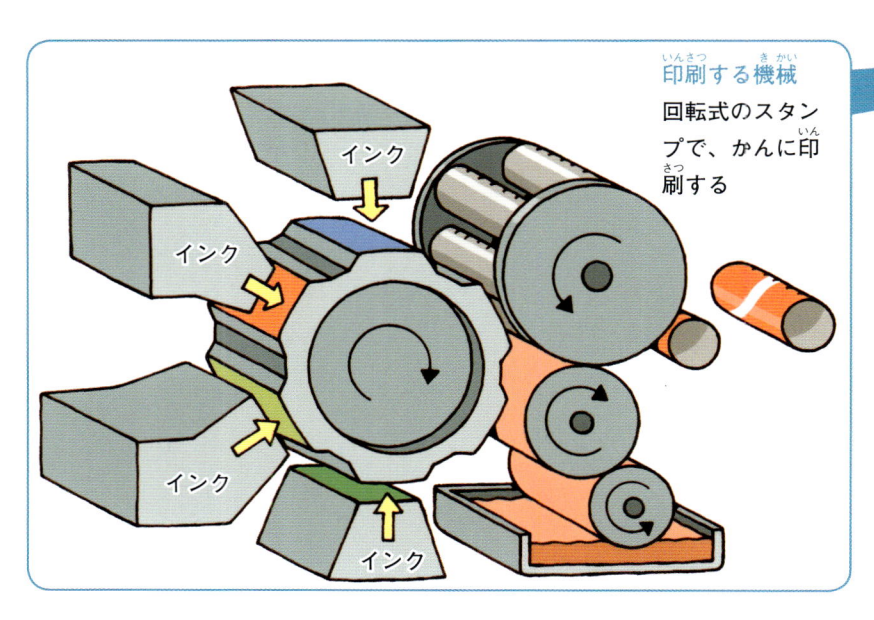

印刷する機械

回転式のスタンプで、かんに印刷する

インク

かんのふた 飲料工場で中身をつめてから、ふたをする。

空きかんのゆくえ
空きかんの分別

空きかんは資源物として回収

　量の多い飲料用の空きかんは「資源物（資源ごみ）」として、いろいろなルートで回収されています。家庭から出る空きかんは、おもに下の図の3つのルートで回収されます。

　どのルートでも、回収業者を通して再生工場に運ばれ、金属の原料として利用されています。

　飲料用のかんを資源物として出すときは、中を軽くすいで、つぶせるものはつぶして出します。中にストローやタバコのすいがらなどの異物があると、リサイクルのじゃまになります。

飲料かん以外のかん

　飲料以外のかん、たとえばガスボンベのかんやスプレーかんなどは、中身を使い切り、ガスをぬいてから、ふたやボタンなどのプラスチックと分別します。

　また、かんづめのかん、おかしのかん、ペンキのかんなど、いろいろなかんの中には、再生しにくいものもあります。

　ごみ出しのとき、飲料かん以外のかんをどのようにするかは、市町村によってちがいます。市町村の役所に問い合わせれば教えてもらえます。

かんのゆくえ

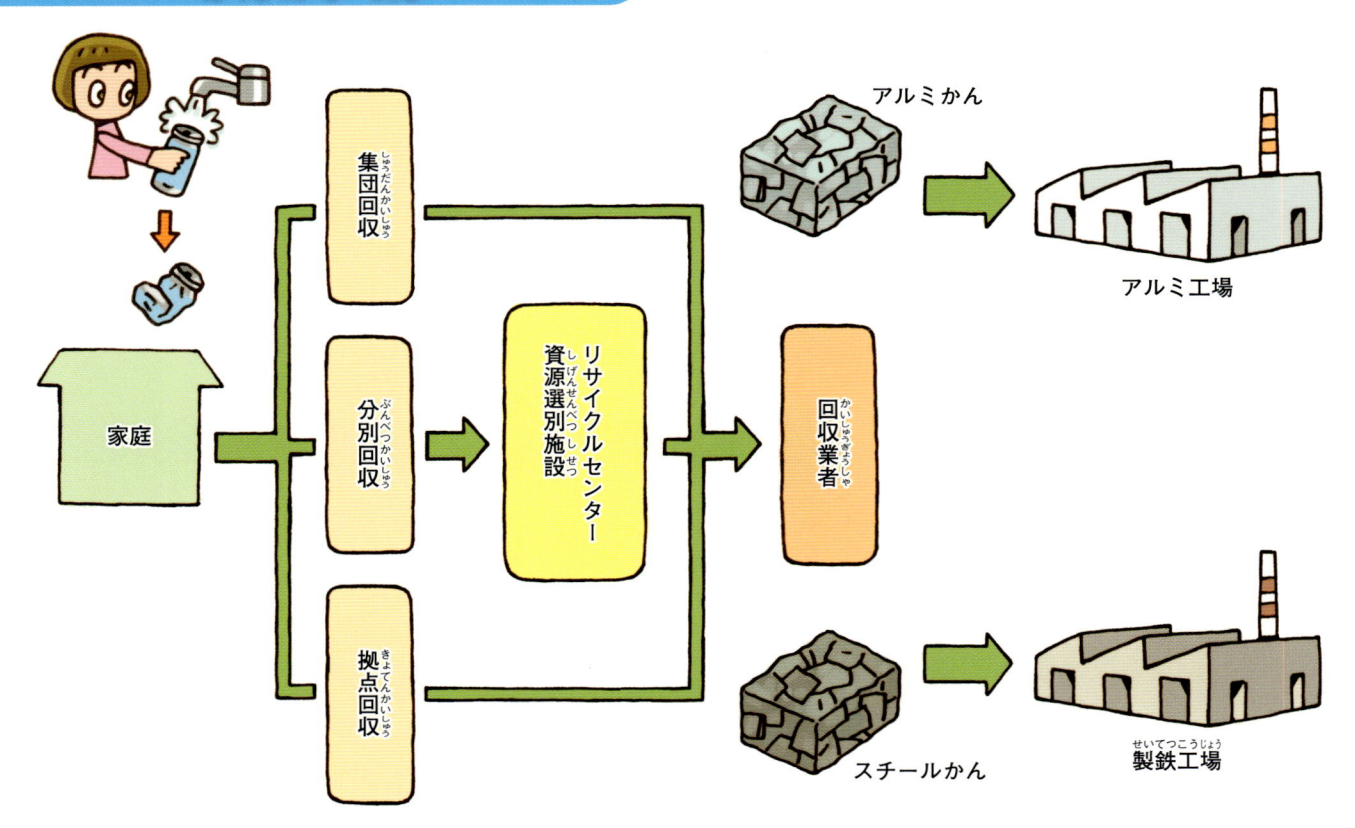

集団回収
分別回収
拠点回収
家庭
リサイクルセンター 資源選別施設
回収業者
アルミかん → アルミ工場
スチールかん → 製鉄工場

かんを分ける

アルミかんとスチールかんは、それぞれ、再生（さいせい）するための行き先がちがう。そのため、いっしょにまざった空きかんは、資源選別施設（しげんせんべつしせつ）（リサイクルセンター）で別々（べつべつ）に分けなければならない。

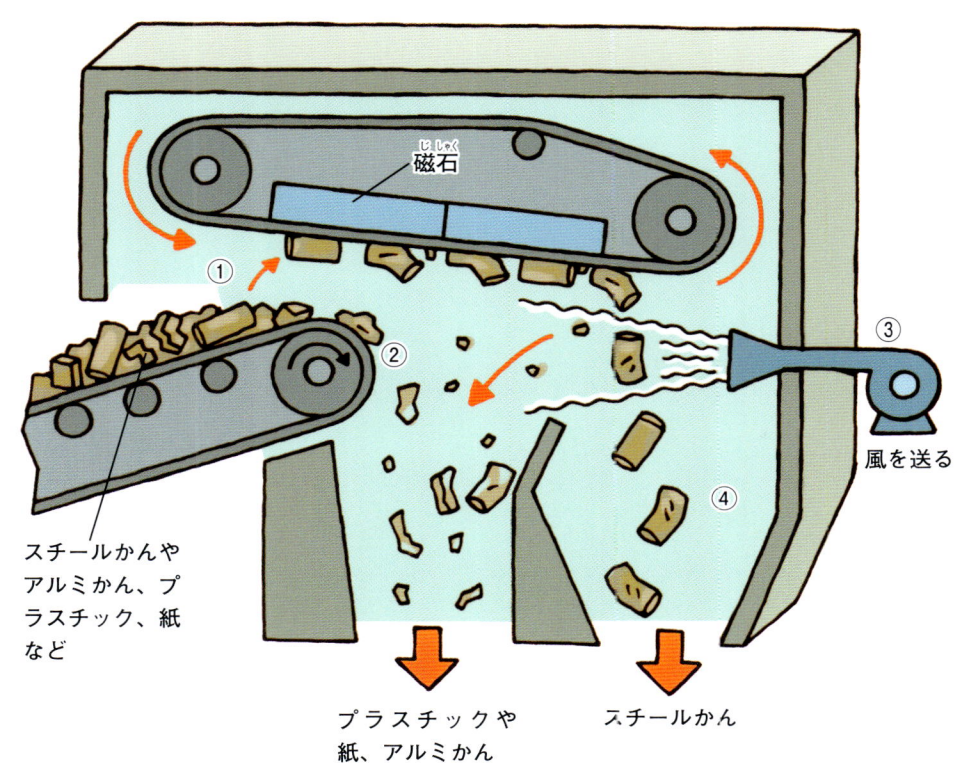

磁石（じしゃく）

スチールかんや
アルミかん、プ
ラスチック、紙
など

プラスチックや
紙、アルミかん

スチールかん

風を送る

スチールかんを選（えら）ぶ

①磁石（じしゃく）にスチールかんがくっつく。

②磁石（じしゃく）につかないプラスチックやアルミニウムなどが落ちる。

③風でスチールかんについている異物（いぶつ）をふきとばす。

④スチールかんだけが選別（せんべつ）されて落ちる。

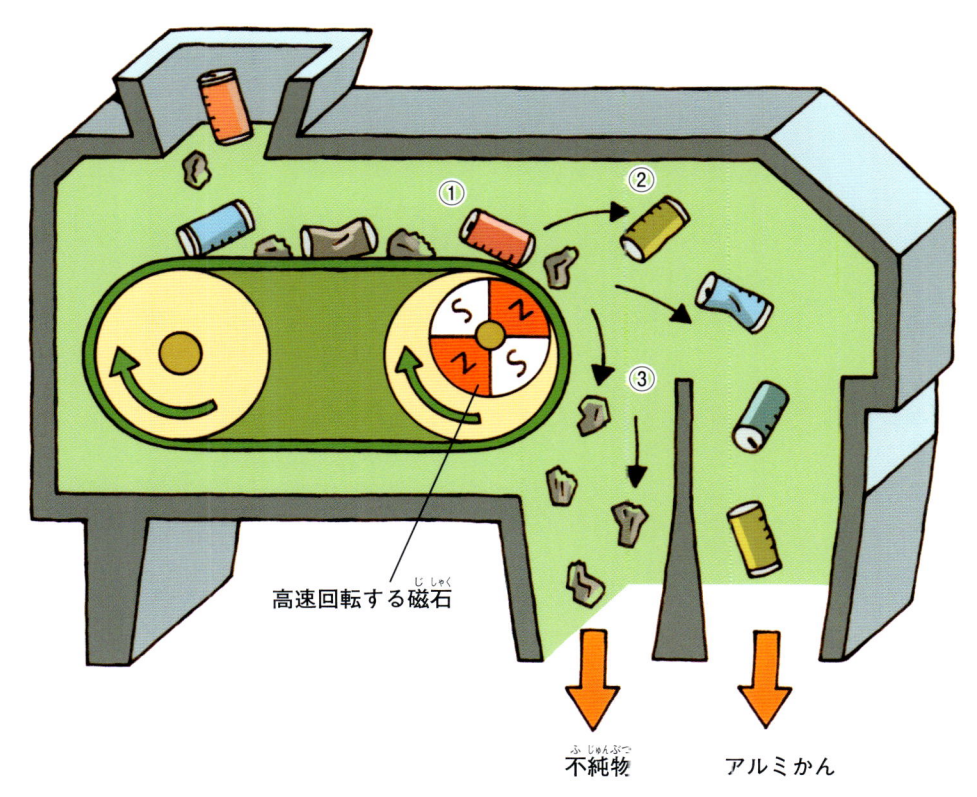

高速回転する磁石（じしゃく）

不純物（ふじゅんぶつ）

アルミかん

アルミかんを選（えら）ぶ

①高速で回転する磁石（じしゃく）に近づくと、アルミかんに電流がうまれる。

②電流がうまれたアルミかんは磁石（じしゃく）にはじかれる。

③紙やプラスチックは電流がうまれないので、そのまま落ちる。

アルミかんのリサイクルの流れ

アルミかんのかたまりをほぐす → 熱でとかす

プレスされたアルミかんのかたまりをバラバラにほぐす。

焙焼（ばいしょう）　加熱（かねつ）してかんの表面の塗料（とりょう）を取りのぞく。

アルミかんは90％くらいが回収（かいしゅう）されて、リサイクルされているそうよ。

溶解（ようかい）　アルミかんを溶解炉（ようかいろ）という炉（ろ）に入れ、熱（ねつ）でとかす。

鋳造 溶解炉から取りだし、冷やして地金というかたまりにする。ボーキサイトから新しくつくった新地金に対して、再生地金という。

アルミニウムはボーキサイトという鉱物を精錬してつくられます。それには大きな電力が必要ですが、アルミかんから再生すると、新しく精錬する場合の電力の3％くらいですむのよ。大きなエネルギーの節約になるわね。

再生地金

圧延 地金に圧力をかけてのばし、うすいアルミの板にして、ロールにまいていく。

アルミかん かんから再生した地金は、多くがふたたび、アルミかんの材料として使われている。

21

スチールかんのリサイクルの流れ

スチールかんを集める	→	電気炉や転炉でとかす	→	

回収されたスチールかん

鉄をとかす炉 この図は、電気炉。スチールかんやスクラップを電気で加熱し、約1600℃の高温でとかす。

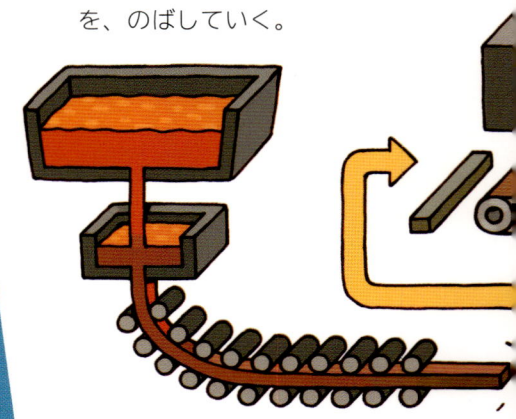

連続鋳造 とけた鉄を、のばしていく。

とけて電気炉から流れ出す鉄

スクラップ（鉄くず） この写真は、建物を解体したときに出た鉄を回収したもの。

スチールの空きかんは、92％くらい回収されて、鉄製品に生まれ変わっているそうよ。

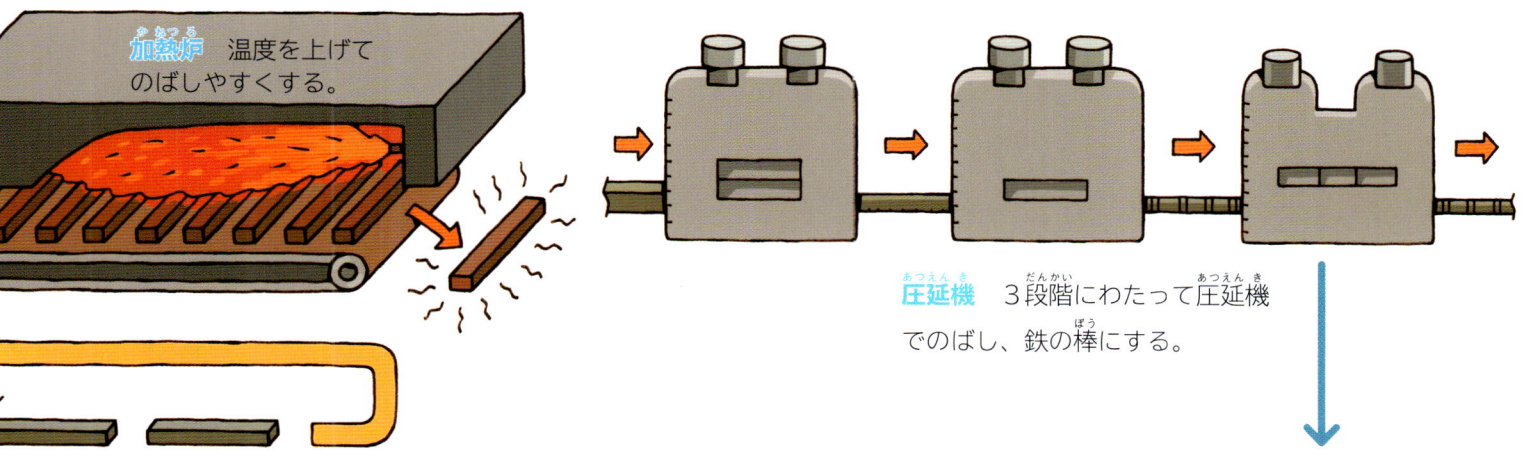

加熱炉 温度を上げてのばしやすくする。

圧延機 3段階にわたって圧延機でのばし、鉄の棒にする。

決まった長さに切って加熱炉に送る。

回収したスチールかんは、鉄の原料として使われます。鉄鉱石から新しく鉄をつくるときの25%くらいのエネルギーで、鉄を再生することができるのよ。

冷却台 切断して冷やし、注文に応じて、いろいろな長さに切れば、完成。

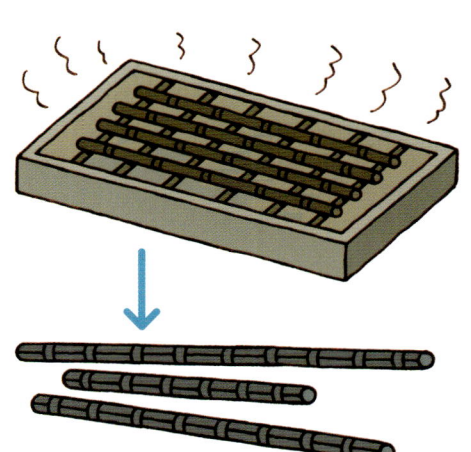

鉄筋 鉄鋼の棒で、鉄筋コンクリートの建物などに使われている。

スチールかんのリサイクル製品

スチールはかんだけでなく、鉄くずの発生量もその利用量もとても多い。そのため、スチールかんをはじめ、自動車や家電製品の材料、ビルや橋をつくる建設資材など、さまざまな製品に利用されている。

冷蔵庫

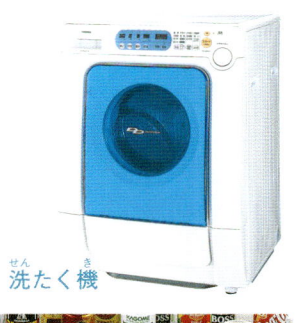
洗たく機

かん

線路

ビルの鉄筋

23

プラスチック製品のひみつ
プラスチックの特長と歴史

プラスチックの長所・短所

プラスチックには、軽くてじょうぶということのほかに、さまざまな長所があります。

◎石油がおもな原料で、安く大量生産できる。

◎水や空気を通さない。

◎形を自由につくることができる。

◎さびない。

◎電気や熱を伝えにくい。

◎透明にも、色つきにもできる。

短所は、次のような点です。

●表面がきずつきやすい。

●大きな力を加えるとこわれやすい。

●熱に弱い。

これらの短所があっても安くて便利なため、いろいろなプラスチック製品が使われるようになりました。昔は木や竹でつくられた日用品の多くが今ではプラスチック製品にかわっています。

その結果、プラスチックのごみが大量に出るようになりました。

プラスチック製にかわった日用品

木や竹、陶器などでつくられていた日用品が、プラスチック製にかわった。その例をいくつか取り上げた。

買い物かご

レジ袋

竹の皮と経木　肉やみそ、さしみ、おにぎりなどをつつんだ。

トレー

24

♻ プラスチックの歴史

プラスチックは日本語で「合成樹脂」という。樹脂（松ヤニのようなもの）に似たものを人工的に合成したためだ。また、英語の「plastic」には、粘土みたいに「形をつくることができるもの」という意味がある。つまり天然の樹脂をまねて、いろいろな形にできる素材を人工的につくったのがプラスチックというわけだ。

最初に実用化されたプラスチックは、19世紀の後半にアメリカで発明されたセルロイドだ。それまでは象牙製だったビリヤードの玉に使われた。

セルロイドは、木材のせんいからつくったものだったが、完全に人工的に合成した最初のプラスチックは、1909（明治42）年にアメリカで発明されたベークライトだ。

ベークライトは現在もフェノール樹脂というプラスチックとして使われているが、原料は石炭から石油になった。

日本で大量にプラスチックが使われるようになったのは、1960年代からポリエチレンなどが大量生産されるようになってからで、今から50年ほど前のことだ。軽くて、便利なプラスチックは、またたくまに家庭に広まった。

ベークライトのボタン

いろいろなびん

いろいろなペットボトル

ブリキのおもちゃ

プラスチックのおもちゃ

プラスチックの種類と製造

プラスチック製品のつくり方

🍃 プラスチックのつくり方

　プラスチックの原料は、日本ではほとんどを輸入している石油です。プラスチックの種類は100種ほどもありますが、熱したときの性質から、大きく2種類に分けられます。

①熱可塑性プラスチック……チョコレートのように、熱を加えるととけるチョコレート型。

②熱硬化性プラスチック……クッキーのように、熱を加えるとかたくなるクッキー型。

🍃 プラスチック製品のつくり方

　たいていのプラスチック製品の素材は、ペレットとよばれる小さなプラスチックの粒です。それに熱を加えてとかし、さまざまなプラスチック製品をつくります。

　ここでは、ペットボトルやコップ、レジ袋、ラップなど、身のまわりによくある製品のつくり方を調べてみましょう。プラスチックが大量生産に向いていることがわかります。

石油とプラスチック

　プラスチックの原料は、石油・石炭など。今は石油がおもに使われている。

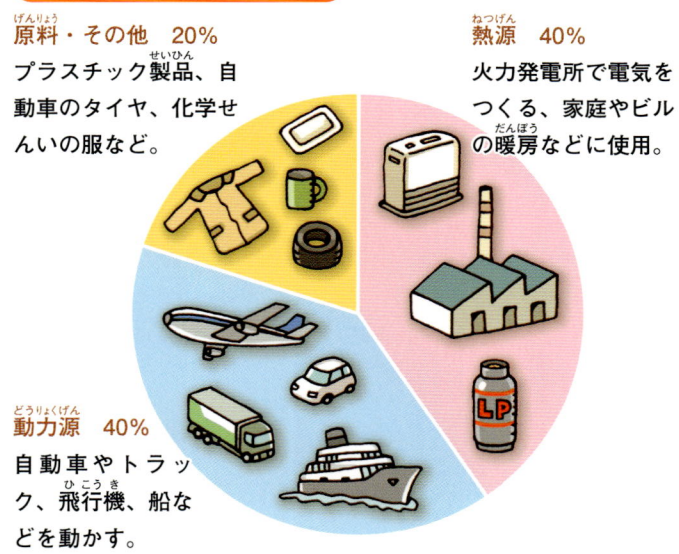

石油の使い道

原料・その他　20%
プラスチック製品、自動車のタイヤ、化学せんいの服など。

熱源　40%
火力発電所で電気をつくる、家庭やビルの暖房などに使用。

動力源　40%
自動車やトラック、飛行機、船などを動かす。

ペレット　直径2～6mmくらいの粒のことで、プラスチック製品の素材として使われる。

プラスチックの2つのタイプ

　プラスチックには、熱でやわらかくなるタイプ（チョコレート型）と、熱でかたくなるタイプ（クッキー型）がある。

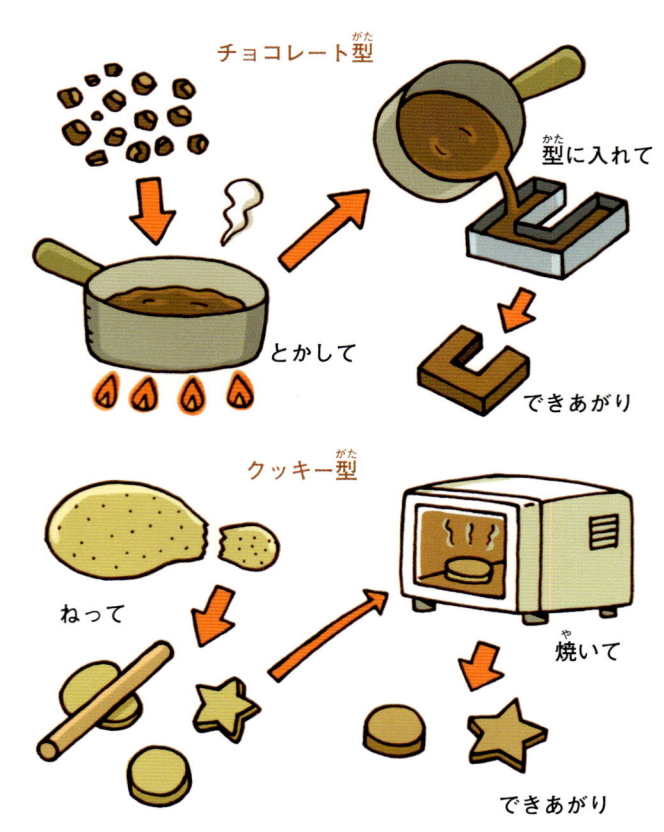

チョコレート型

とかして　　型に入れて　　できあがり

クッキー型

ねって　　焼いて　　できあがり

ボトル　ポリタンク　ペットボトル

ペットボトルのような容器をつくる（中空成形） おし出してつくったチューブ形のプラスチックを型に入れ、空気でふくらまして、金型を使って成形する。

ペレット

コップ　おわん　ボール

コップのような立体物をつくる（射出成形） とかしたプラスチックを、注射のようにおし出し機で金型におしこんで成形する。

ペレット　ポリ袋

レジ袋のような袋やシートをつくる（インフレーション成形） おし出してつくったチューブ形のプラスチックに空気をふきこんでふくらまし、袋をつくる。しゃぼん玉をつくるのに似ている。

ラップフィルム　フィルム　シート

ラップのようなシートをつくる（カレンダー成形） 熱したロールの間に原料のプラスチックを通して、うすくのばす。そばをつくるのに似ている。

プラスチック製容器包装の回収

トレーやカップ、ポリ袋など

プラスチック製容器包装ってなに？

家庭から出るプラスチックごみのうち、ペットボトル、食品トレー、ポリ袋・レジ袋などのことを、まとめて「プラスチック製容器包装」といいます。ものを入れたり（容器）、つつんだり（包装）しているもので、中身を出したあとはいらなくなるプラスチック製の製品です。

その量が大変多いことから、それらをリサイクルすることが「容器包装リサイクル法」という法律で決められています。これにしたがって市町村が協力し、ごみ収集のときに「資源物（資源ごみ）」として分別回収しているのです。

いっぽうで、プラスチック製容器包装以外のプラスチックごみをどのように処理するかは、市町村ごとにきまりがちがいます。市町村のホームページやちらしで調べて、自分のまちの規則にしたがって出してください。

容器包装類のリサイクルの流れ

容器包装リサイクル法によって、1997（平成9）年からガラスびんと飲料用ペットボトル、2000年からは紙パック、2008年からプラスチック製の容器包装類が回収され、リサイクルされるようになった。

それらのプラスチック製容器包装類には、プラマークがついている。

プラスチックの識別マーク 2001年からプラスチック製容器包装に表示されるようになった。プラマークともいう。

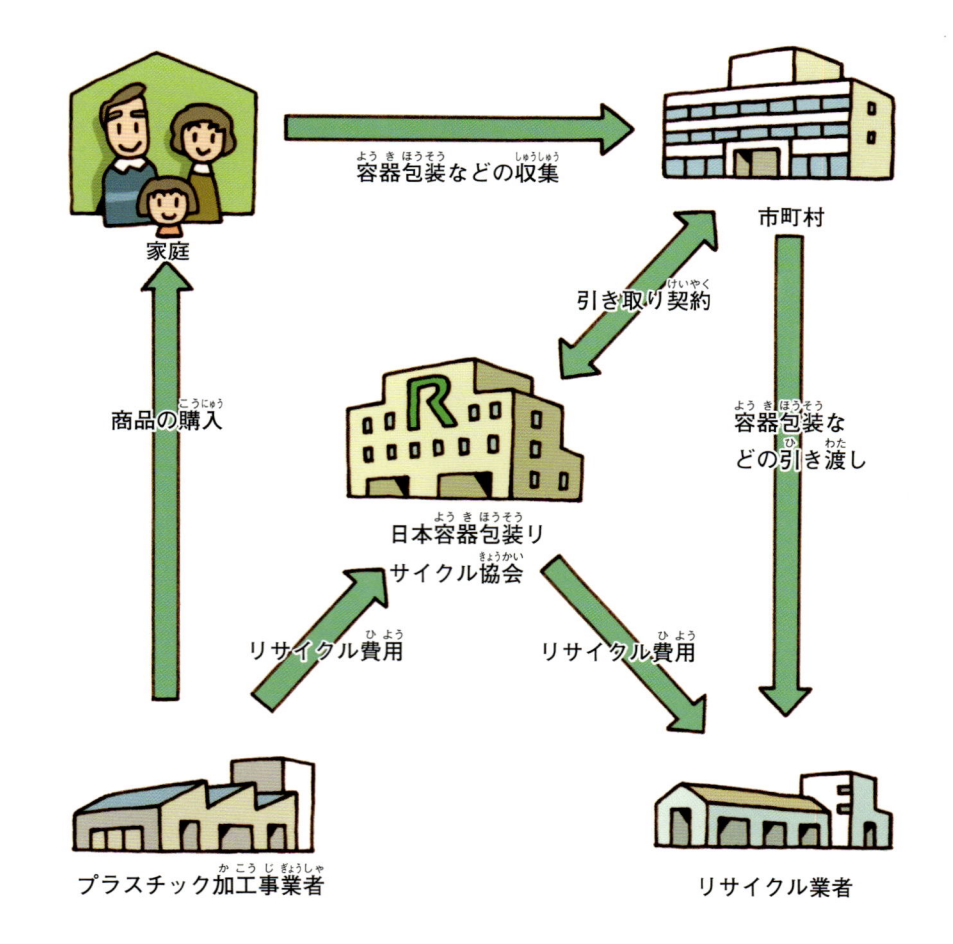

容器包装などの収集

家庭

商品の購入

引き取り契約

市町村

日本容器包装リサイクル協会

リサイクル費用

リサイクル費用

容器包装などの引き渡し

プラスチック加工事業者

リサイクル業者

＊紙パックについては第2巻を参照。

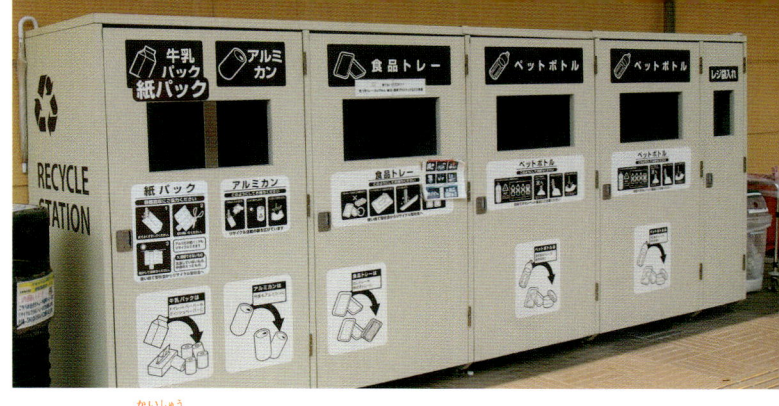

リサイクル義務のあるプラスチック製容器包装

容器包装リサイクル法が対象としているプラスチック製容器包装（容器包装プラ）は、たまごのパックなど、商品を入れるために使われているものだ。

プラスチックの容器でも、家で使うコップのように、日用品として売られているものは別。それらはリサイクルが法律で義務づけられていないため、一般の家庭ごみとして、市町村ごとのきまりにしたがって処理される。

スーパーの回収ボックス　曜日が決まっている市町村のごみ集積所とは別に、飲料・食品を売っている店にも「食品トレー」と書かれた回収ボックスなどがおかれている。

カップ類　　パック類　　トレー類　　袋類　　網・ネット類　　薬の容器類　　プラスチック製のふた　　発泡スチロール

ポリ容器　　食品保存用容器　　洗剤の計量スプーン　　弁当箱　　食品保存用バッグ　　ポリバケツ　　プランター　　食品用ラップ　　ＤＶＤやＣＤ、それらのケースなど

リサイクルが義務づけられている容器包装の例　中身を入れて売っているもので、プラマークがつけられている。

一般のごみとして出すプラスチック容器の例

プラスチック製容器包装の出し方の例

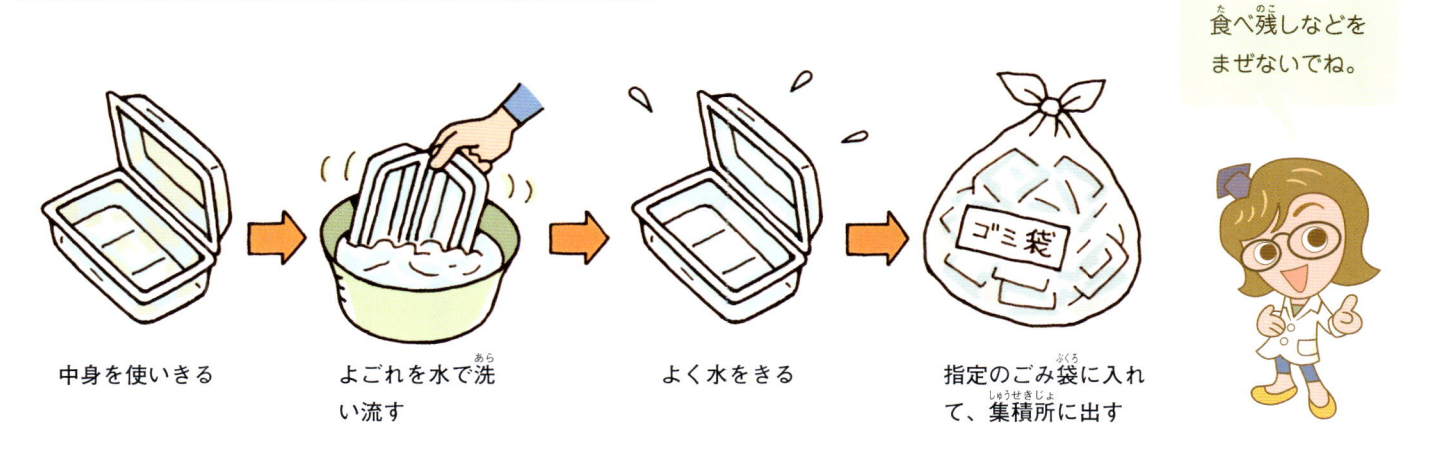

中身を使いきる　→　よごれを水で洗い流す　→　よく水をきる　→　指定のごみ袋に入れて、集積所に出す

食べ残しなどをまぜないでね。

＊プラスチック製容器包装の出し方は、市町村によってちがうので、確認して出してください。

プラスチック製容器包装のリサイクル

リサイクル工場では

🌱 工場をたずねる

プラスチック製容器包装のリサイクルは、基本的には、ワンウェイのガラスびん、かん、ペットボトルと同じです。ほかの種類のもの、まざりものなどを取りのぞき、同じ素材だけにして、新しい製品づくりにいかすのです。

ところが、プラスチック製容器包装には、いろ

プラスチック製容器包装のリサイクルの流れ

工場にプラスチック製容器包装が運ばれてくる

プラスチック製容器包装を運んできたトラック 市町村などから回収業者をへて、送られてくる。トラックの荷台は横開きで、積みおろしがしやすくなっている。

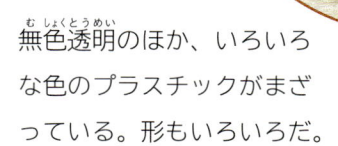

無色透明のほか、いろいろな色のプラスチックがまざっている。形もいろいろだ。

プラスチック製容器包装のたば 工場の入り口を入ると、運びこまれたたばを、いったんためておくところがある。働いている人の背より高く、たばが積まれている。

いろなプラスチックが使われています。

　リサイクルするためには、容器包装のすみに残った食べかすや飲み残しをきれいにしてから、プラスチックの種類ごとに分ける必要があります。

　では、リサイクル工場では、どのような作業をしているのでしょうか？

リサイクルのくふうを見てね。

ラインに投入 → コンベアで送る

ラインに投入　ライン（工程）の入り口に入れる。

コンベア　ひもをはずされ、ばらばらにされたプラスチック製容器包装は、コンベアで処理の機械に運ばれる。

手で選別 人が袋をやぶって中身を出し、大きな金属や紙などを取りのぞく。

センサーと風で選別

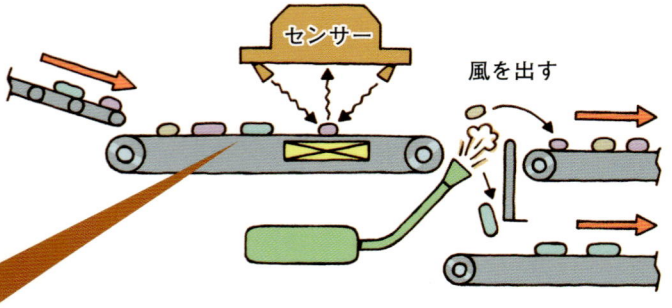

センサー

風を出す

センサーでプラスチックの種類を見分けて、風でプラスチックを分ける。

水に入れて重さで選別

♻ プラスチック再生工場の人の話

プラスチックをリサイクルするには、まざりものやよごれを取ることが大切です。最初に袋から出して、ベルトコンベアに乗せ、いろいろな機械で分けていきます。プラスチックの種類によって重さがちがうことなどを利用して選別するんです。そうして、種類ごとに分け、次のプラスチック製品の材料になるものを選び出しています。

細かくくだいてフラフやフレーク（かけら）にしたプラスチックを水中に入れ、重さのちがいを利用してプラスチックを種類ごとに分ける。

＊プラスチック製品にもどすほか、製鉄所で使うコークスの原料や化学原料などとしてもリサイクルされている。

細かなかけらにした
プラスチック。

再生されたペレット フラフやフレークをとかして、粒状の
ペレットにする。

袋につめてトラックで出荷 ここでつくったペ
レットは、プラスチック製品をつくる材料とし
て、プラスチック製品工場へ運ばれる。

プラスチック製容器包装の再生品

プラスチックの製品（成形品）
の原料に使われ、プランター、
杭、パレット（倉庫などで貨物を
運ぶときに使うもの）などがつく
られている。

杭

プランター

車止め

パレット

再生品はいろん
なものに使われ
ているのよ。

＊ペレットについては、26ページを見てください。

33

ペットボトルのひみつ

軽くてじょうぶで、持ち運べる飲料容器

ペットボトルもプラスチック

ペットボトルは、プラスチックの一種のPET（ポリエチレンテレフタレート）樹脂でつくられます。

ペットボトルの特長は、右の写真のように、軽い、透明、じょうぶ、中身がもれない、ふたができて持ち運べる、などです。

たくさん使われているペットボトル

ペットボトルは、アメリカで、1974（昭和49）年から炭酸飲料用の容器として使われたのがはじまりです。日本でもこの40年足らずのあいだに、びんやかんにかわって飲料容器の主役となり、しかも年々ふえつづけています。

容器別に見た飲料の生産量の変化

いろいろな飲料容器の中で、ペットボトル入りがふえつづけている。

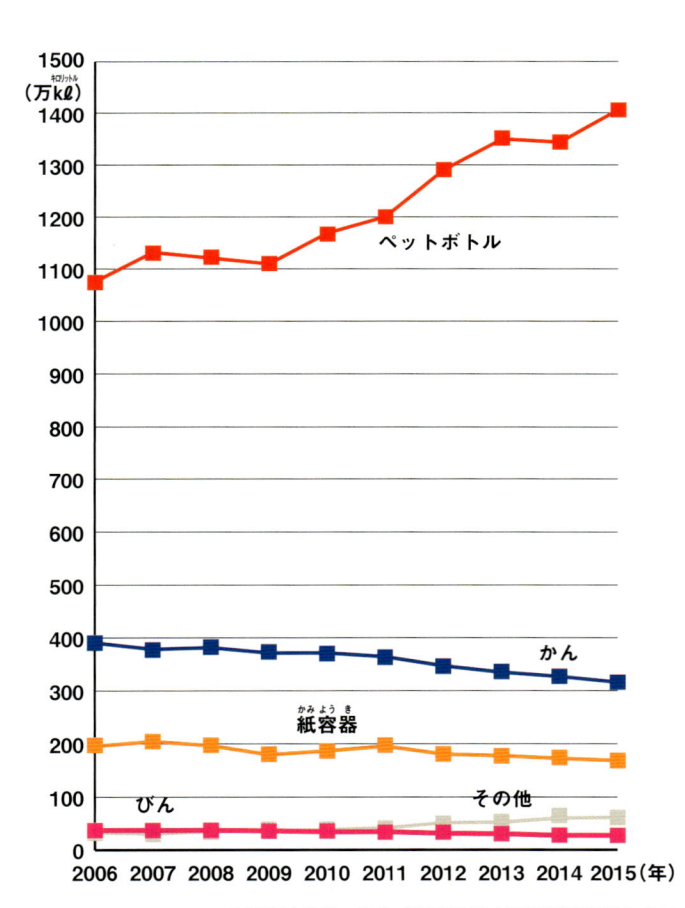

全国清涼飲料工業会「清涼飲料水関係統計資料」より

ペットボトルのおもな使われ方

ペットボトルのおよそ90％は、飲料用に使われている。

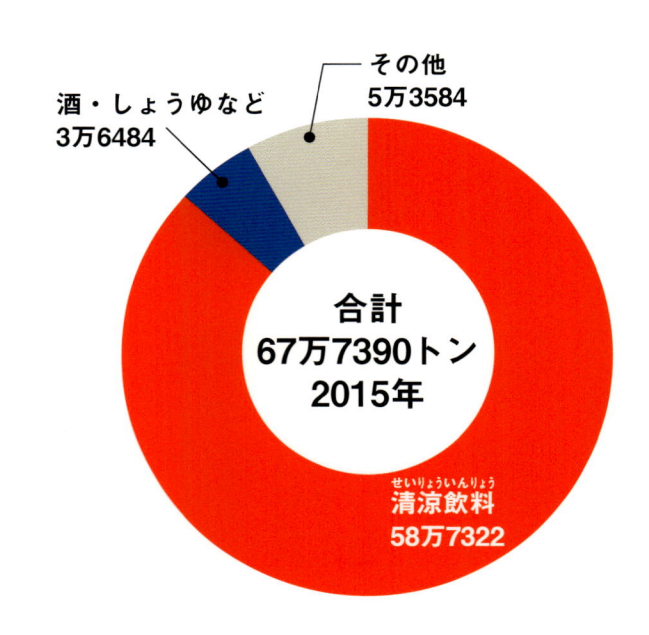

PETボトルリサイクル推進協議会HP「ボトル用PET樹脂需要量」より

ペットボトルを見ると

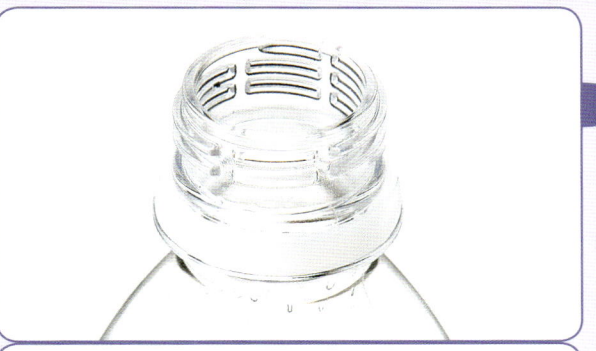

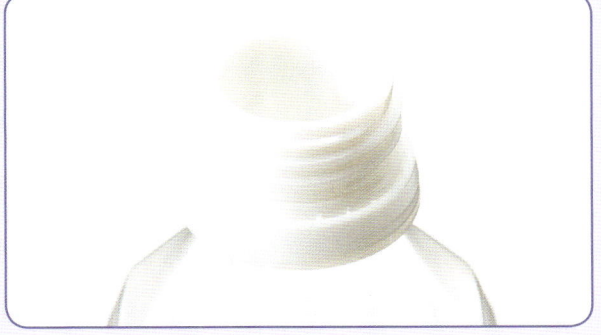

飲み口 白いのは、温かいお茶などを入れる耐熱用のボトル。それ以外は透明。この部分は PET 樹脂ではない種類のプラスチックが使われている。

【ペットボトルの特長】

軽くてじょうぶ 軽いので持ち運びしやすい。落としても、われたり、あなが開いたりしない。

キャップができる とちゅうでふたができるので、一度に飲みきらなくてもよい。

透明で中身が見える かんとちがい、透明なので中身が見える。

安い つくりやすく、材料費も安い。

リサイクルしやすい 本体の PET 樹脂とキャップ、ラベルは、選別しやすいように別のプラスチックでつくられている。

ペットボトルの底 炭酸飲料用の円筒形ペットボトルの底は、内部の圧力にたえ、たおれにくいようにくふうされている。

ペットボトルのリサイクル

リサイクル工場では

ペットボトルのごみ問題

現在、家庭から出るペットボトルは、「資源物（資源ごみ）」として回収されています。

以前は、ペットボトルを資源として回収せずに、清掃工場で燃やしたり、うめたてたりして処理していました。でも、うめたてるといつまでも土にかえらないうえに、重さのわりにかさばって、埋め立て地の寿命を短くするなどの問題がおこりました。

ごみを資源に

こうしたごみ問題は、ペットボトルだけではありません。家庭から出るごみのうち、容積の半分以上は、飲み物や食べ物、文房具などの商品の容器や包装で、とくにプラスチックが多いのです。

その対策として、28ページで見たように、国は容器包装リサイクル法をさだめ、製造メーカー、市町村、消費者にそれぞれの役割を決め、ごみを資源として利用することをすすめています。

ペットボトルのゆくえ

ペットボトルを出すときは、中身を空にし、ラベルをはがす。そしてキャップは、かならずはずし、つぶして出す。

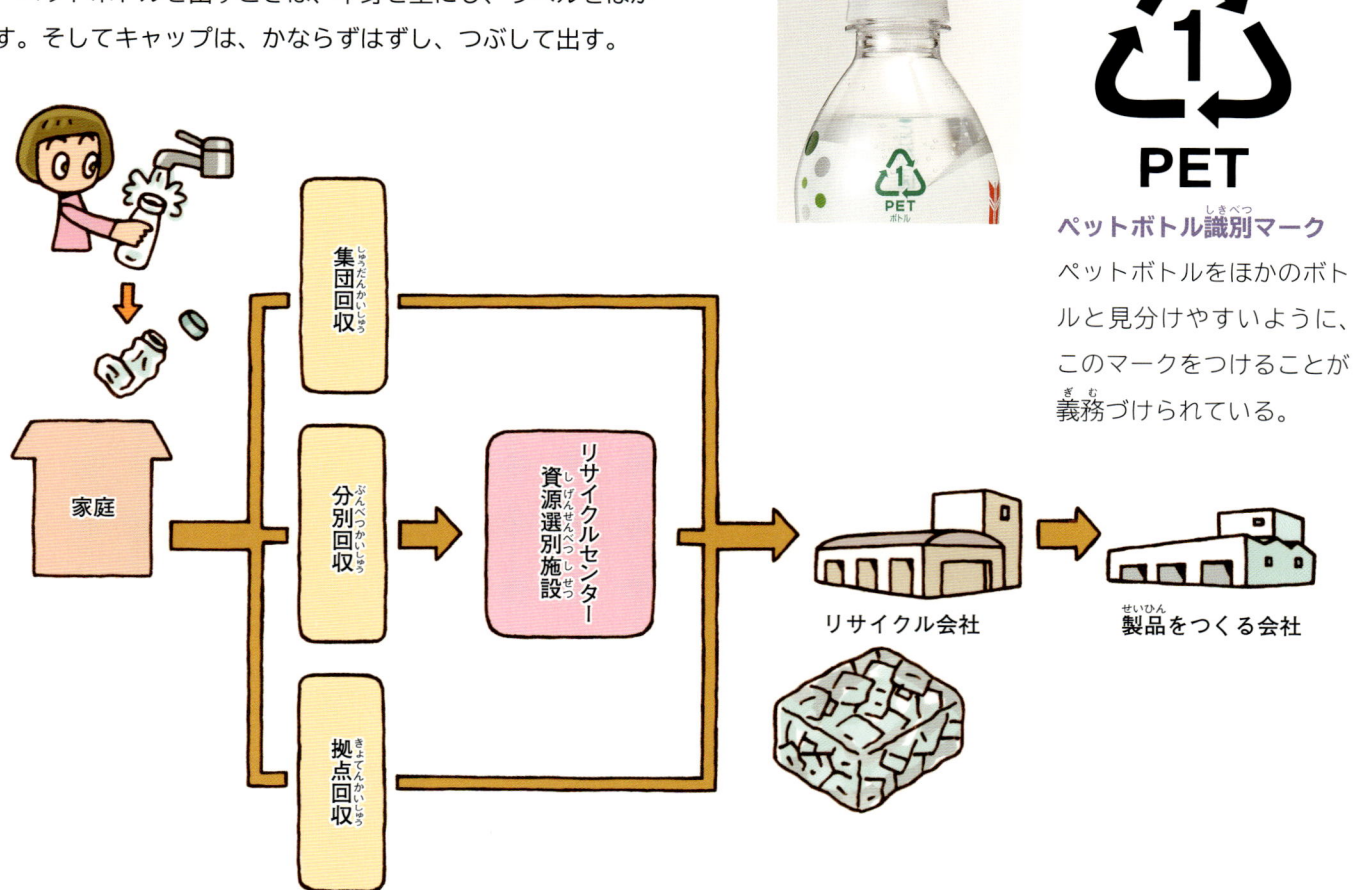

ペットボトル識別マーク

ペットボトルをほかのボトルと見分けやすいように、このマークをつけることが義務づけられている。

＊容器包装リサイクル法については、28ページを見てください。

この工場では、回収されたペットボトルをきれいにし、ふたたびプラスチック製品のもとになる素材にしている。

回収されたペットボトルのたば 運ぶときの体積をへらすため、ぺちゃんこにつぶして、たばにしてある。市町村の資源物の回収などで集められたものだ。

回収されたペットボトル 中身がのこっておらず、きれいだが、しばっているひものほか、ラベルも少しまじっている。

たばをくずし、ラインに入れる

ラインの入り口 ペットボトルのたばをくずして、ライン（工程）に入れる。

プラスチックを分けるくふう

ペットボトルの素材は本体がPET樹脂、キャップはポリプロピレンやポリエチレン、ラベルはポリプロピレンやポリスチレンなどで、プラスチックの種類がちがう。リサイクル工場では、いろいろな機械を使って選別している。

選別の方法のひとつが比重選別（重さのちがいによって分けること）。右の写真のように、水にPET樹脂とキャップをまぜると、PET樹脂は下にしずみ、キャップは水面にうく。この重さのちがいを利用して選別している。

そのため、キャップ、ラベルにはPET樹脂とは重さがちがうプラスチックを使っている。

水にPET樹脂とキャップをくだいて入れてみたところ キャップのプラスチックは上にういている。

PET以外のプラスチック この工場ではラベルを固めて右の写真のような製鉄原料にしている。

＊PET樹脂の比重は1.38、ポリスチレンは1.05、ポリプロピレンは0.90。

リサイクル工場の内部　大きな機械がならんでいる。ペットボトルをくだき、まざりものを取りのぞいたり、水で洗ってきれいにするための機械だ。

できあがった PET 樹脂のフレーク　きれいになったかけらだ。これを熱でとかして、新しいプラスチック製品をつくることができる。

PET 樹脂のフレーク　まだよごれている段階。

きれいになったフレーク　左のフレークを水で洗い、きれいにしたもの。

ペレットにすることもあるよ。ペレットは 26 ページを見てね。

リサイクルされた製品

再生された PET 樹脂は、たまごのパックなどのシート、スーツやフリース用のせんいなど、いろいろなものに生まれ変わる。ペットボトルにもどすこともできる。

たまごのパック

プラスチックのかご

スーツ

＊PET 樹脂から布ができるわけは、このシリーズの2巻を見てください。

使いすてでよいのか
便利だけれど問題もある

🍃 使い終われば大量のごみ

かん、ペットボトル、食品のトレーなどの容器包装のおかげで、店や自動販売機から商品を手軽に買って、飲んだり食べたりできます。

しかし、それらの容器包装の多くは「使いすて」なので、大量のごみになっています。それが、どの国でも問題になっています。では、いらなくなった容器包装を回収してリサイクルすれば、問題は解決するのでしょうか。

もとの素材にもどすリサイクルには、これまで見てきたように、多くの手間と、運んだり、機械を動かしたりするエネルギーが必要です。

🍃 容器包装のリユース

もとの素材にもどすリサイクルより、リターナブルびんのように、リユース（再使用）のほうをすすめている国もあります。

たとえば、ヨーロッパのデンマークでは、ワンウェイびんの使用を法律で禁止しています。また、ドイツではペットボトルにもデポジット制度をとっています。

日本では、牛乳びんやビールびんが昔からリユースされてきました。今のところペットボトルをリユースするには衛生面での心配がありますが、容器包装のリユースが広まるとよいですね。

♻ ドイツのデポジット制度

デポジットとは英語で「あずけておくお金」のこと。9ページでお話ししたように、飲み物を買うとき、びんの代金を店にあずけておいて、空きびんをもどしたとき、そのお金を返してもらうしくみをデポジット制度という。

ドイツでは、ガラスびんとペットボトルでデポジット制度をとっている。

びんのデポジットのあずけ金は、大きさによってことなり、日本円にすると10円か20円くらい。

ペットボトルには2種類あり、マークで見分けられるようになっている。1回使用のワンウェイボトルと、リターナブルボトルだ。あずけ金はリターナブルボトルが約20円、使いすてのワンウェイボトルが約30円。使いすてのペットボトルでもデポジット制度をとっているのは、回収率をあげるためだ。

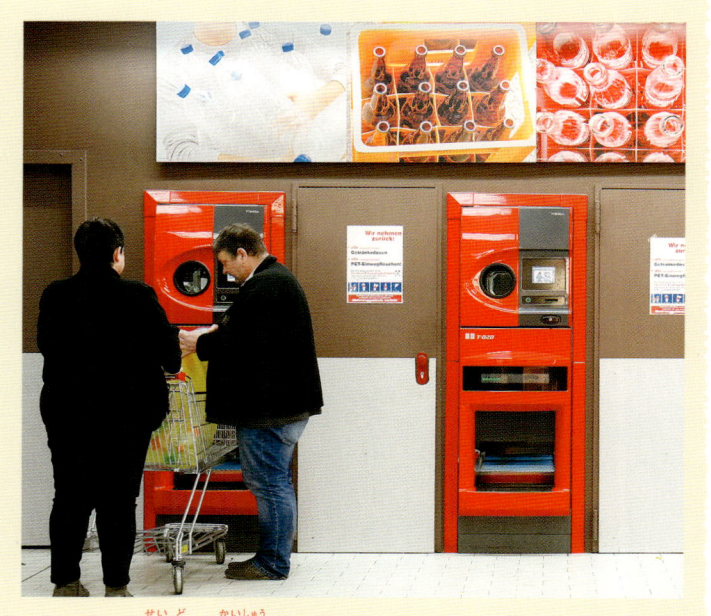

デポジット制度の回収ボックス 空きびん、ペットボトルをボックスに入れると、買うときにあずけておいたお金がもどってくる。

容器包装のリユースのくふう

容器包装を使いすてにするのではなく、リユースするには、回収しやすいこと、前に入っていたもののにおい・味などが残らないように洗浄できること、安全であることなどが、ぜったいに必要な条件だ。

ガラスびんのほか、プラスチックトレーでも、それが試みられている場所がある。たとえばスポーツなどイベント会場でのリユースだ。その場で飲み物を入れて売り、その場で回収している。

できるところからリユースしていくことが大切ですね。

リユース食器のくふう

たくさんの人が集まるお祭りやイベントでは、使用ずみのカップやトレーが山のように出る。プラスチック製のリユース食器を使って、ごみを出さないくふうもされている。

洗浄工場　客　④　②　①　③　会場

リユース食器の例　リユース食器は軽くて、じょうぶで、熱にも強い。カップ、コーヒーカップ、お皿、どんぶり、おわん、箸などがある。

リユース食器をリユースするしくみ

①リユース食器は、あらかじめ洗浄工場でよく洗ってから、使用する会場に運ばれる。

②デポジット方式で食器に飲み物や食べ物を入れて売る。

③その場で食器を回収する。

④最後に食器を洗浄工場に運んで洗浄し、保管する。

料理を入れたリユース食器

リユース食器を返しているところ　デポジット制度で買うときにあずけた食器代を返してもらえる。

食器洗浄ブース　イベント会場に設置して、回収した食器をその場ですぐに洗う。

（リユース食器ネットワーク）

もっとくわしく知りたい人へ

容器包装のリサイクル

ガラスびんのリユースとリサイクル

ガラスは、理科の実験で使う試験管にも使われているように、中に入れたものによって変質しません。洗って何度でも使うことができます。

【リターナブルびんでリユース】変質しないというガラスの性質をいかしたものが、8ページで紹介したリターナブルびんです。空きびんを回収し、洗浄することによってリユース（再使用）できることが、ガラスびんの大きな特長です。

日本では、お酒の一升びんとビールびんは、酒造メーカーがちがっても同じ形のびんが使われてきました。そうすれば、どのメーカーのびんでも

ガラスびんの原料（総溶解量）とカレットの使用量 ガラスびんをつくるときの原料のうちカレットの使用量は70％以上をたもっている。（ガラスびんリサイクル促進協会による）

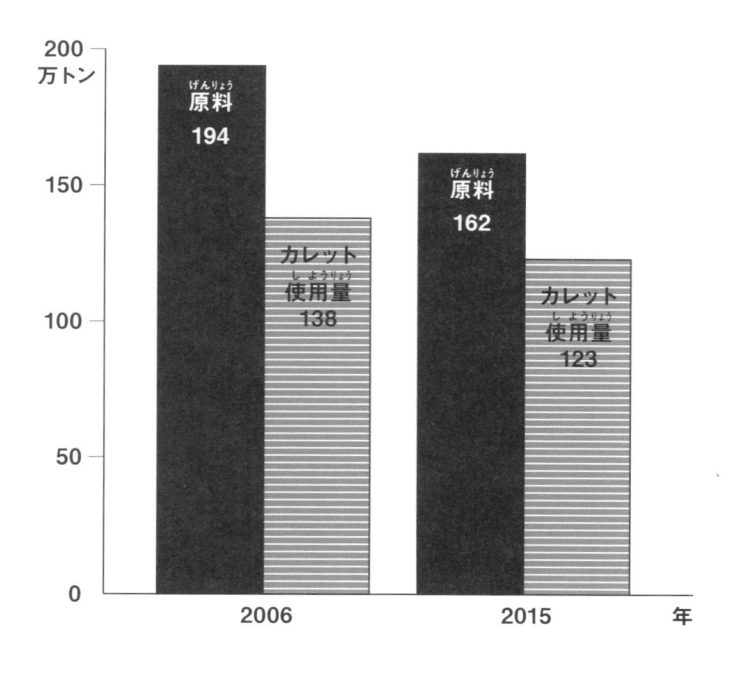

ラベルをはりかえるだけでリユースすることができるからです。

【カレットにしてリサイクル】びんがわれても、ガラスの性質そのものは変わりません。熱でとかして、新しいびんにつくりなおすことができます。リサイクル工場では、回収したびんをカレットというかけらにして、びんの原料をつくっています。

左下のグラフは、びんの原料とそのうちのカレット使用量の変化です。

アルミかんのリサイクル

16ページで紹介したように、アルミかんはアルミニウムの地金（金属のかたまり）を板にしたものからつくられています。

【アルミのリサイクルの利点】アルミかんの材料のアルミニウムは、ボーキサイトという鉱物を精錬してつくります。それには電気を使いますが、1kgのアルミニウムをボーキサイトから精錬するには、約111MJのエネルギーが必要です。

それに対して、回収したアルミかんから再生するばあいは、その3％くらいの3.6MJほどですみます。エネルギーを97％も節約できることが、リサイクルの大きな利点です。鉱物資源のボーキサイトも節約できます。

【空きかんを新かんに】かんをかんに再生すること（CAN TO CAN）ができれば、完全なリサイクルになります。しかし、それにはむずかしい点があります。

アルミかんは手でつぶせるほどうすくて、厚

さは 0.1mm くらい、1つのかんの重さは350mℓの場合、約15g です。うすくすればするほど材料を節約できるわけですが、そのためには、品質にむらがなく、純度の高いアルミかん用の地金をつくる必要があります。

　地金の質にばらつきがあると、うまくのばすことができず、穴があいたり、ちぎれたりします。そのため、ごみがまざっていたりする空きかんから、品質にむらがなく、純度の高い地金を再生するのはむずかしいのです。

　しかし、リサイクル技術の向上などで、かん用のアルミニウムのうち、再生地金の割合はだんだん上がってきました。2015 年には 74.7% が再生地金になっています。

スチールかんのリサイクル

　スチールとは鋼鉄のことで、英語で Steel といいます。

【鉄とスチール】鉄とスチールは、区別せずによばれることもありますが、スチールかんを「鉄かん」とはいいません。では、鉄とスチールはどうちがうのでしょうか。

　鉄は鉄鉱石を精錬してつくられますが、最初にできた鉄は粗鋼といいます。そして、粗鋼から炭素、マンガン、クロムなどの成分を調整して、飲料かん用、建築材用、刃物用、自動車の車体用など、用途別の鉄がつくられています。それらの鉄をまとめてスチール（鉄鋼）といいます。

【スチールかんのリサイクル】スチールかんは 92% くらいが回収され、新しいスチールに再生されています。磁石にくっつくので回収しやすいこと、高熱でとかして再生するので、まざりものがあっても、あまりじゃまにはならないことがスチールの長所です。

　しかし、回収されたスチールかんの多くは、ほかのくず鉄といっしょに電気炉という装置でとかし、建築用の鋼材などに再生されています。鉄の需要（必要な量）は非常に多く、用途もさまざまだからですが、空きかんをスチールかんにもどすことも可能です。

ペットボトルとプラスチックのリサイクル

　プラスチックは、地下資源の石油をおもな原料にして、さまざまな種類のものが合成されています。石油は、もとは古い時代の生物からできた有限の資源です。その石油からつくられたプラスチック製品を回収して新しい製品に再生するには、まざりものやよごれをとって、フレーク（かけら状のもの）かペレット（粒状のもの）にしてから成形します。

【ペットボトルのリサイクル】ペットボトルの本体をつくっているのは PET（ポリエチレンテレフタレート）樹脂というプラスチックです。リサイクルしやすいように、本体は無色透明の PET だけでつくり、キャップやラベルの素材も PET と選別しやすいものでつくられています。

　いろいろなプラスチック製品の中で、ペットボトルは早くから「資源」として回収され、よくリサイクルされてきました。その大きな理由は、見わけやすく、使用量が多いので、大量に回収できるほか、再生品の用途が広くて、需要が多いことです。洋服の布にもペットボトルから再生したPET が使われています。どうして布にできるのかは、このシリーズの第2巻を見てください。

【プラスチック製容器包装のリサイクル】ペットボトル以外のプラスチック製容器包装のリサイクルは、ペットボトルほどかんたんではありません。その大きな理由は、いろいろな種類のプラスチックや色つきのものが使われているので、分けるのがむずかしいことです。そこで、いっしょにペレッ

トにし、少し色がこい成形品（植木鉢など）にしたり、固形燃料にして利用されています。

【マテリアルリサイクルとケミカルリサイクル】

プラスチックの再生利用には、マテリアルとケミカルという2つの方法があります。

マテリアルリサイクルとは、フレークやペレットにして別の製品をつくる方法です。

ケミカルリサイクルは、高熱で分解してガス化し化学原料にしたり、製鉄所でコークス原料や還元剤に利用したりする方法です。今はおもにマテリアルリサイクルが行われています。

プラスチックごみの分別

市町村のごみ収集でプラスチック製品は、資源物（資源ごみ）として回収するか、「燃やすごみ」または「燃やさないごみ」として収集されています。

資源物としては、見分けやすくて量も多いペットボトル、発泡スチロールの食品トレーのほか、「プラマーク」のついているものが回収されています。28〜29ページにあるように、プラマークは商品の容器包装に使われているプラスチック製品であることを表すもので、日用品のプラスチック容器などはふくまれません。

ところが、容器包装リサイクル法で回収することになっているものでも、プラマークがついていないものがあります。たとえば、貝や野菜を入れて売っているネットには、マークをつけられないので、つけなくていいことになっています。品物を入れて売っているものは、プラマークがなくても、回収するということです。

参考になるサイト

たくさんのサイトがあります。名前を入れて検索してみてください。

びんについて

▶日本ガラスびん協会
▶ガラスびん3R促進協会

かんについて

▶アルミ缶リサイクル協会
▶スチール缶リサイクル協会

ペットボトルについて

▶PETボトルリサイクル推進協議会

プラスチック製容器包装について

▶日本容器包装リサイクル協会　プラスチック製容器包装
▶資源・リサイクル促進センター
▶プラスチック循環利用協会　プラスチック図書館

全巻さくいん

監修 **松藤 敏彦**（まつとう　としひこ）

1956年北海道生まれ。北海道大学卒業。廃棄物工学・環境システム工学を専門とする。廃棄物循環学会理事(元会長)。工学博士。北海道大学名誉教授。ごみの発生から最終処分まで、ごみ処理全体を研究している。主な著書に、『ごみ問題の総合的理解のために』（技報堂出版）、『環境問題に取り組むための移動現象・物質収支入門』（丸善出版）、『環境工学基礎』（共著・実教出版）、『廃棄物工学の基礎知識』（共著・技報堂出版）など多数ある。

文	大角修
表紙作品制作	町田里美
イラスト	大森眞司
撮影	松井寛泰
デザイン	倉科明敏（T.デザイン室）
DTP	栗本順史（明昌堂）
校正	鷹羽五月
企画・編集	渡部のり子・伊藤素樹（小峰書店）／大角修・佐藤修久（地人館）
協力	株式会社グリーンループ、斎藤湯、JFE環境株式会社、硝和ガラス株式会社
写真提供	アサヒグループホールディングス株式会社、足立区立郷土博物館、アルミ缶リサイクル協会、株式会社MD、ガラスびん３R促進協議会、スチール缶リサイクル協会、日本容器包装リサイクル協会、ピクスタ、マァリー、大和びんリユース推進協議会、リユース食器ネットワーク、World Seed

主な参考文献

環境省編『環境白書・循環型社会白書・生物多様性白書』『一般廃棄物処理実態調査結果』『環境統計集』『指定廃棄物の今後の処理の方針について』／松藤敏彦他『環境工学基礎』（実教出版）／松藤敏彦『ごみ問題の総合的理解のために』（技報堂出版）／廃棄物・３R研究会『循環型社会キーワード事典』（中央法規出版）／エコビジネスネットワーク（編集）『絵で見てわかるリサイクル事典—ペットボトルから携帯電話まで』（日本プラントメンテナンス協会）／高月紘『ごみ問題とライフスタイル—こんな暮らしは続かない』（日本評論社）／半谷高久監修『環境とリサイクル全12巻』（小峰書店）

調べよう　ごみと資源③
びん・かん・プラスチック・ペットボトル NDC518　47p　29cm

2017 年 4 月 8 日　第 1 刷発行　　2022 年 5 月 10 日　第 5 刷発行

監修	松藤敏彦
発行者	小峰広一郎
発行所	株式会社小峰書店　〒162-0066 東京都新宿区市谷台町 4-15
	電話 03-3357-3521　FAX 03-3357-1027　https://www.komineshoten.co.jp/
組版	株式会社明昌堂
印刷・製本	図書印刷株式会社